高等院校环境艺术设计专业"十四五"规划教材

建筑钢笔手绘线稿表现技法

■ 陈越华 著

WUHAN UNIVERSITY PRESS

武汉大学出版社

图书在版编目(CIP)数据

建筑钢笔手绘线稿表现技法/陈越华著.—武汉:武汉大学出版社,2021.7
高等院校环境艺术设计专业"十四五"规划教材
ISBN 978-7-307-22240-3

Ⅰ.建… Ⅱ.陈… Ⅲ.建筑画—钢笔画—绘画技法—高等学校—教材
Ⅳ.TU204.111

中国版本图书馆 CIP 数据核字(2021)第 072205 号

责任编辑:韩秋婷   责任校对:汪欣怡   版式设计:马 佳

出版发行:**武汉大学出版社** (430072 武昌 珞珈山)
        (电子邮箱:cbs22@whu.edu.cn 网址:www.wdp.com.cn)
印刷:武汉中远印务有限公司
开本:880×1230   1/16   印张:7.25   字数:162 千字
版次:2021 年 7 月第 1 版   2021 年 7 月第 1 次印刷
ISBN 978-7-307-22240-3   定价:42.00 元

　　陈越华，女，湖南湘潭人，副教授。毕业于湖南科技大学美术学院，获学士学位，后于广西艺术学院国画院获硕士学位，现就职于湖南城建职业技术学院建筑系。中国美术家协会会员，湖南省工笔画学会理事，湖南省女画家协会常务理事，湘潭市美术协会中国工笔画艺术创作委员会主任，湘潭市齐白石纪念馆、美术馆特聘画家。艺术创作作品在社会上有一定的认可度，作品被多家机构收藏。

前　言
FOREWORD

　　建筑手绘这一技能，如今有被高科技设计软件代替的趋势，加上部分高校的教学越来越忽视建筑手绘技能的传授，直接造成的后果就是学生在方案构思阶段，没有办法快速、直接地表达设计构思并进行方案沟通。

　　线是各类手绘设计中最基本的表现元素之一。线能够体现手绘者对手绘的理解和技法功底。

　　建筑、景观设计从草图到快速表现图到成品效果图，都对画面中线的应用有一定的要求，特别是线的表现风格，直接影响画面的表现效果。当然，对于任何一种风格的线型，都要从基本功练起，学习手绘的第一步就是画好线。本书结合笔者多年的教学经验，将建筑绘图中最重要的透视知识图示化，简单易懂。同时，将最基础的用笔要领、线的基础以及高级画线技法训练和线在画面中的表现，集合为一本完整的建筑、景观手绘表现应用图书，让学生了解并掌握如何画线、如何用线，再现建筑、景观空间等设计的构思，为学生以后从事设计工作打下坚实的基础。

　　本书图文并茂，以丰富的图例为主体，配以详细的文字解说，秉持通俗实用的原则，让读者看得明、读得懂。书中的部分图片摘自网络，仅供教学参考使用。在此表现感谢。此外，本书还安排了大量的优秀线稿作品以供学生后期临摹和提升。最后，敬各位学习者，任何精湛的技法，皆需勤奋的修炼，业精于勤，荒于嬉。

目　录

模块一

透视法则与构图规律

学习目标：

1. 了解建筑效果图常见的透视现象与规律。

2. 掌握建筑效果图中的透视表现。

1.1 建筑效果图常见的透视现象与规律

所谓"透视"，如图1-1所示，就是一种把立体三维空间的形式表现在二维平面上的绘画方法，使观看的人对平面的画有立体的感受。透视画法要遵循一定的规律。在实际景物中的原线和地面可以是水平、垂直或倾斜的。其一，原线是指与画面平行的线，在画面中和地面的相对位置不变，互相平行的原线在画面中仍然互相平行，离画面越远越短，但其中各段的比例不变。其二，不与画面平行的线都是变线，在实际景物中互相平行的变线在画面中不再平行，而是向一个灭点集中，消失在灭点，其中各段的比例同离画面越远越小。我们时常见到同样大小的物体会呈现近大远小，同样高的物体也会呈现近高远低，这就是物体在空间中的透视现象。

基本名词解释：

（1）视点（EP）：观察者眼睛的位置，以点来表示，此点称为视点。

（2）视高（EL）：视点同地平面的高度称为视高。

（3）视平线（HL）：通过心点作水平线，此水平线称为视平线。

（4）基面（GP）：过基线所作的水平面，也称为基平面。

（5）画面（PP）：画者用来变现物体的媒介面，一般垂直于地面、平行于观者。

（6）基线（GL）：透视画面最下的边缘和水平面相交的直线称为基线。

（7）心点（CV）：中视线同透视画面相交的点称为心点。

（8）灭点（VP）：透视点的消失点。

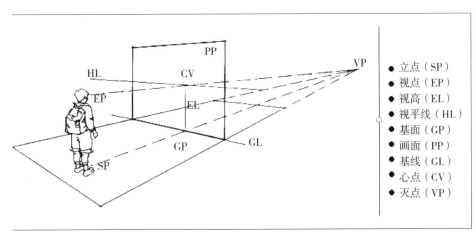

● 立点（SP）
● 视点（EP）
● 视高（EL）
● 视平线（HL）
● 基面（GP）
● 画面（PP）
● 基线（GL）
● 心点（CV）
● 灭点（VP）

图1-1 透视的基本原理

1.1.1 一点透视

一点透视又叫平行透视，如图 1-2、图 1-3 所示，即人的视线与所观察的画面平行，形成方正的画面效果，消失点只有一个。也即根据视距使画面产生立体效果的透视作图方法。顾名思义，一点透视的"一点"经常在表现群组建筑或画面透视方向达成一致时使用，主要凸显画面空间的尺度感。在运用一点透视时，消失点位置的选择是至关重要的，因为消失点的位置意味着所有建筑的纵向线都交会于这一点，这一点往往是整幅画面的焦点，即画面的视觉中心。一点透视的构图特征是透视表现范围广，适合表现庄重、稳定的空间环境。其不足之处是容易使画面空间显得呆板，在建筑设计中常表现比较宽阔的路面、两侧为建筑的街景或广场。

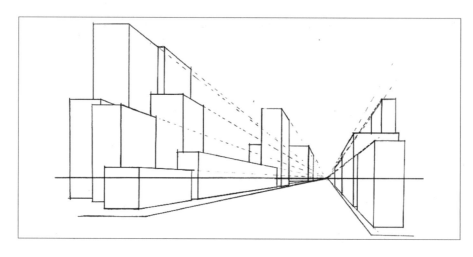

图 1-2　一点透视（一）

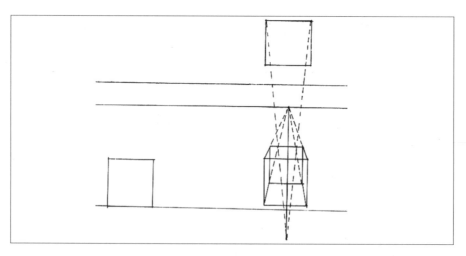

图 1-3　一点透视（二）

重点掌握以下几个特征：

（1）物体的一个面与画面平行，画面只有一个消失点。

（2）近大远小，近高远低。

（3）所有水平方向的线条保持水平，所有垂直方向的线条保持垂直，简称横平竖直，空间上的纵深感比较强。

建筑物照片及一点透视建筑解析如图1-4、图1-5所示。

图1-4　建筑物照片（湖南大学综合教学楼，设计者：魏春雨）[①]

解析步骤具体如下：

步骤一：构图，在视平线上确定消失点的位置。如图1-5（a）所示。

步骤二：深化前一步骤，主要确定建筑结构和消失点的连接。如图1-5（b）所示。

步骤三：深入刻画建筑画面，去掉多余的辅助线，协调统一关系。如图1-5（c）所示。

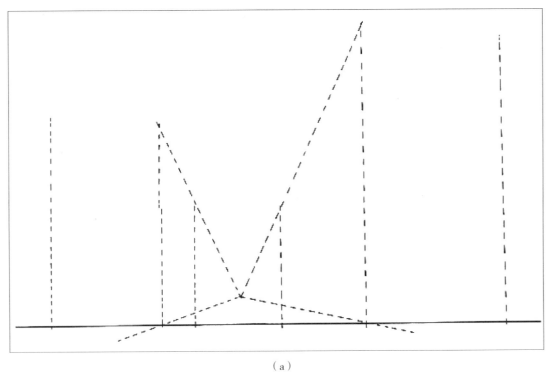

（a）

① 网址：http://archcy.com/classic_case/mingjia/internal_master/cf710c0b0657c9b5_p5。

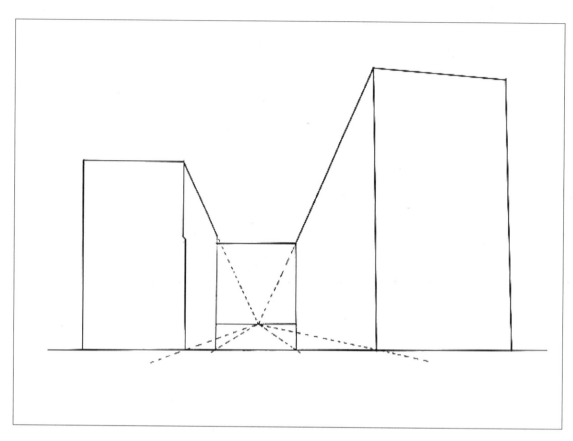

（b）

（c）

图 1-5　一点透视建筑解析

1.1.2 两点透视

两点透视又称为成角透视，如图1-6所示。简单地说，当立方体水平放置时，无任何一边与画面平行，而是都与画面呈一定的角度。成角透视的透视方向是与地面平行的变线，一边向左前方延伸，另一边向右前方延伸，分别在地平线的左余点和右余点集中，即视平线上有两个消失点，类似于广角的效果。

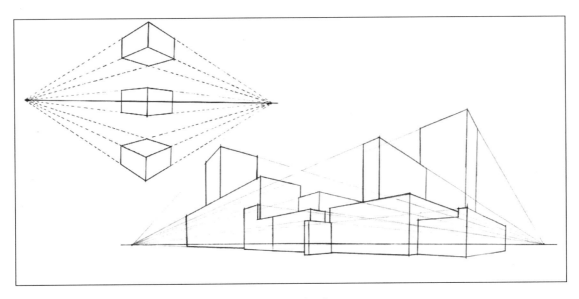

图 1-6　两点透视

两点透视能表现单体建筑的两个面，通常将一面（主立面）处理成受光面，另一面（侧立面）处理成背光面，所以角度和视距（站点离建筑的距离）的选择极为重要。一是角度选择上切忌两个面的角度过于接近，使建筑画面缺乏主次。二是视距的选择要适中，太近则视点的角过大，建筑物容易发生变形，造成画面失真；太远则建筑物的透视线过于平缓，会削弱建筑的主次感和立体感。成角透视在构图角度上可以活跃画面，更符合日常的视觉习惯和视觉感觉。成角透视在建筑效果图中是用得最多的。

重点掌握以下几个特征：

（1）所有物体的消失线向心点两边的余点处消失。

（2）两点透视的画面效果比较自由、灵活，反映环境中建筑物的正、侧两个面，易于表现出物体的体积感。

（3）比较明暗效果，对比强，富于变化。

两点透视效果图及其解析如图1-7、图1-8所示。

解析步骤具体如下：

步骤一：确定视平线高度，连接建筑结构线，确定画面消失点的位置。如图1-8（a）所示。

步骤二：把建筑看成多个几何体的组合，连接消失点。如图 1-8（b）所示。

步骤三：塑造主体建筑，协调整体的画面关系。如图 1-8（c）所示。

图 1-7　两点透视效果图

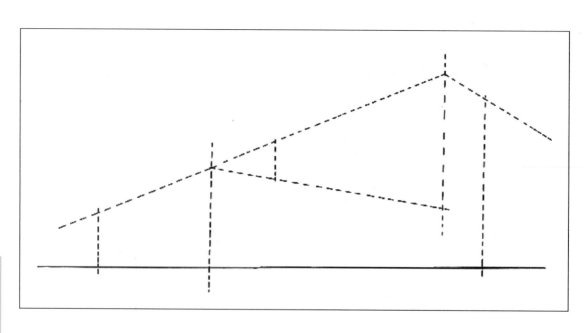

（a）

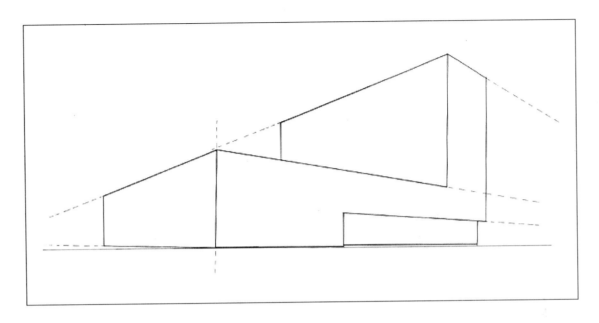

（b）

（c）

图 1-8　两点透视解析

1.1.3　三点透视

在建筑表现效果图中，三点透视一般用来画超高层建筑的俯瞰图或者仰视图，如图1-9所示。三点透视又称为倾斜透视，此种透视是指建筑物的三个透视线均与画面形成一定角度，三组线分别消失在三个消失点，其中两个消失点在视平线上，还有一个消失点在视平线以外，运用三点透视一般会出现"仰视"或者"俯视"的视角。在绘制"仰视透视"和"俯视透视"的场景图时，要注意在富有空间变化的同时确保向上或者向下透视的准确性，这种方法多用来表现高层建筑，以凸显其高大挺拔的体积感或表现大场景的鸟瞰环境，如城市广场和居住小区，力求更加直观地展现楼群、道路和绿化的关系。三点透视表现难度更大，要反复练习、理解，做到准确掌握。

重点掌握以下几个特征：

（1）平视角度不能看到的全貌，采用仰视或俯视。

（2）物体本身并不与水平面垂直，三点透视可以表达出建筑的宏伟高大，仰视角度通常给人挺拔、险峻之感，俯视角度又时常给人动荡感。

三点透视效果图及其解析如图1-10、图1-11所示。

解析步骤具体如下：

步骤一：定视平线高度，连接结构线，确定消失点。如图1-11（a）所示。

步骤二：把建筑看成多个几何体的组合，连接消失点，刻画主体。如图1-11（b）所示。

步骤三：刻画细节，协调画面关系。如图1-11（c）所示。

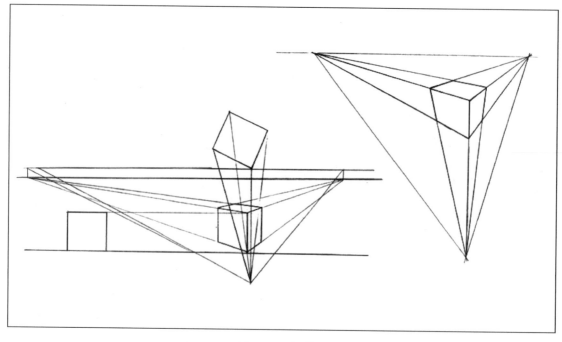

图1-9　三点透视

图 1-10　三点透视效果图①

① 网址：https://graph.baidu.com/thumb/v4/3233438908,3178130176.jpg。

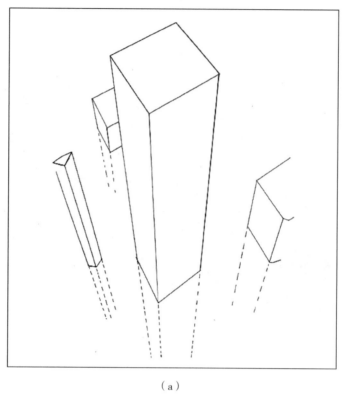

（a）

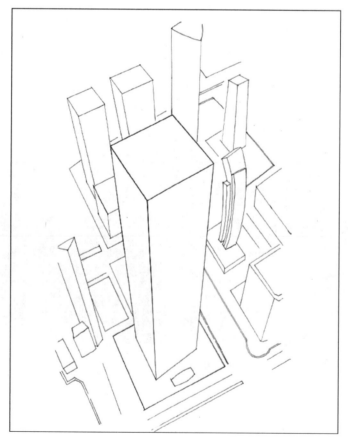

（b）

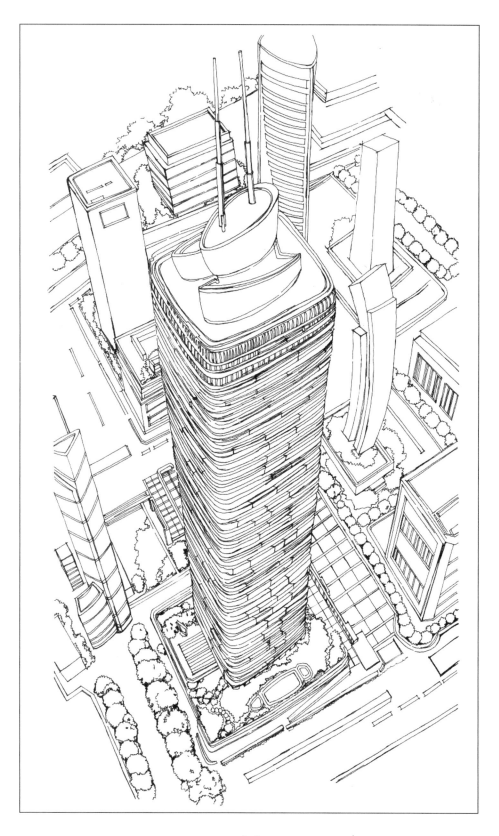

（c）

图 1-11 三点透视解析

1.1.4 圆形透视

　　在建筑草图中经常遇到要勾勒一些圆形或者半圆形构件，如圆柱、半圆形窗户或者门洞。这就要求对圆的透视理解透彻。

　　圆的透视如图 1-12、图 1-13 所示。在圆的透视中，离我们近的半圆大，离我们远的半圆小，画的时候弧线要均匀自然，两端不能画得太尖或者太圆。

　　圆形透视中要注意的因素：处在同一平面上的圆面，越近越宽，越远越窄。

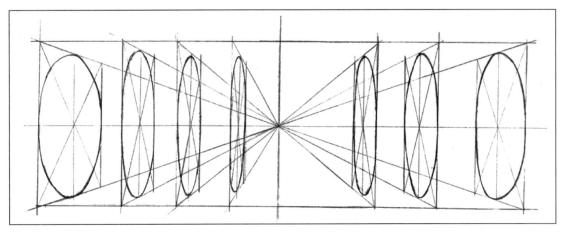

图 1-12　圆形透视效果图（一）

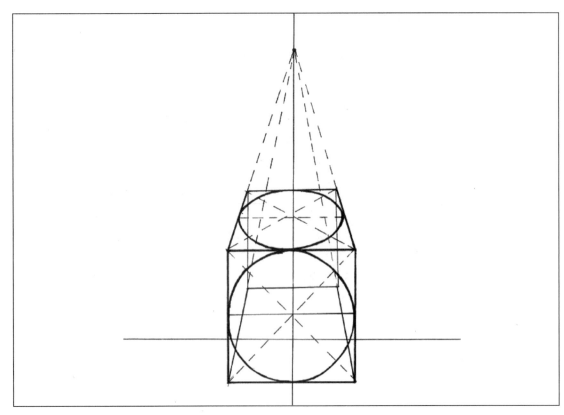

图 1-13　圆形透视效果图（二）

建筑钢笔手绘线稿表现技法

圆形透视效果图及其解析如图 1-14、图 1-15 所示。

解析步骤具体如下：

步骤一：确定位置。如图 1-15（a）所示。

步骤二：加强形体构造，注意圆形的透视变化。如图 1-15（b）所示。

步骤三：深入刻画建筑及配景，注意整体协调。如图 1-15（c）所示。

图 1-14　圆形透视效果图[①]

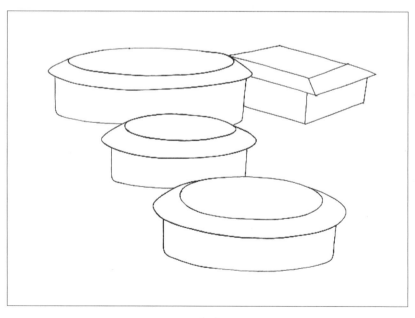

（a）

① 网址：https://graph.baidu.com/thumb/v4/4244874926,2046789440.jpg。

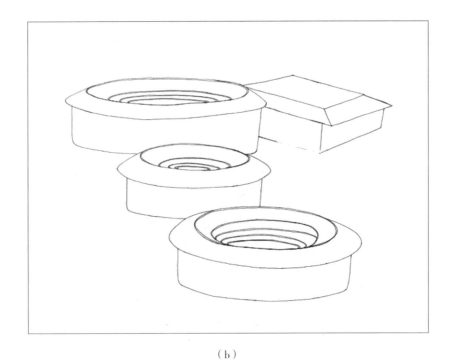

（b）

（c）

图 1-15　圆形透视解析

1.1.5　散点透视

　　散点透视又称为多点透视，是传统东方绘画的技法之一。它不同于西方的焦点透视，焦点透视只有一个观察点，而散点透视有许多个"点"。如《清明上河图》，其透视方法是由多个视点慢慢地展开。散点透视表现出极强的延伸性、可塑性。因此，在建筑表现图中，它是指由多个角度表现建筑效果图，是一种无固定视线和视平线的透视画法，可根据场景需要有多个消失点。

　　这种透视多用于描绘一些大型建筑的鸟瞰图，如商业中心、购物广场和会展中心，以及各种居民建筑等。在绘制散点透视时需注意的是，视平线必须保持在同一条直线上，切不可出现多条视平线。散点透视因其特殊性，在建筑效果图中并不多见。

　　散点透视效果图及其解析如图1-16、图1-17所示。

　　解析步骤具体如下：

　　步骤一：确定位置。如图1-17（a）所示。

　　步骤二：确定结构及大体形状。如图1-17（b）所示。

　　步骤三：加强形体结构的关系，以及明暗关系，作整体调整。如图1-17（c）所示。

图1-16　散点透视效果图[①]

---

① 网址：https://mms0.baidu.com/it/u=400087564,477460659&fm=27&gp=0.jpg&fmt=auto。

（a）

（b）

（c）

图 1-17　散点透视解析

1.2　透视中易出现的不合理情况

对于刚刚学习建筑表现图的同学来说，学好透视是至关重要的，更是画好一幅效果图的前提，我们在教学中经常发现一些透视不合理的情况，总结有以下四点，如表 1-1 所示。

表 1-1　透视中易出现的不合理情况

	不合理情况	图示
1	违背基本规律，透视不准	
2	透视运用不熟练，准确性不高	
3	画面的空间透视不合理，视点、视平线选定的位置不对	
4	通过透视没有体现建筑空间的设计主题	

1.3 视角、构图形式

1.3.1 视角

构图对于效果图的表现影响很大，不同的观察角度，会使观察者产生不同的心理感受，由于视角的移动，其构图的形态亦会有很大的差异，所谓"横看成岭侧成峰"，就是对这种情况的生动阐述。一般来说，平视，即平行观察的视角稳定、开阔，如图 1-18 所示；仰视则有高大、耸立的感觉，有力度，如图 1-19 所示；俯视则类似于鸟瞰，视野宽广，有深度，如图 1-20 所示。

图 1-18　平视

图 1-19　仰视

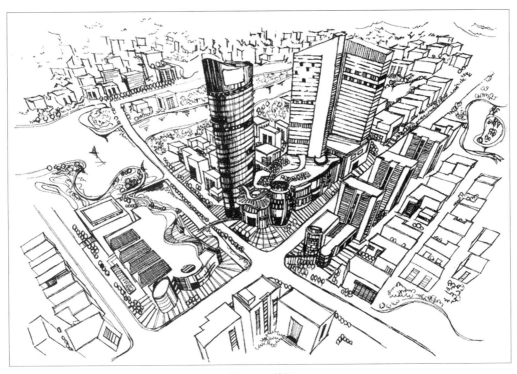

图 1-20　俯视

1.3.2 视距

透视是指在平面或曲面上描绘物体的空间关系的方法或技术。它通过改变物体的部分比例和形状来获得物体在平面上的立体形象，变化的依据是单向性的物体的角度关系和眼睛结构的距离关系，由角度关系引发的透视变化是正向面大、侧向面小。视距中的不合理情况如表1-2所示。

表1-2 视距中的不合理情况

	不合理情况	图示
1	视距太小，透视效果不明显，主体容易变形	
2	视距太大，透视效果很弱，主体太平	
3	视距适中，透视合理	

1.3.3 构图形式

常见的构图方式包括横向构图、竖向构图、"S"形构图、"X"形构图四种。

1. 横向构图

如图1-21所示，横向构图多用来表现建筑外形主线条的画面，能体现宽广、开阔、磅

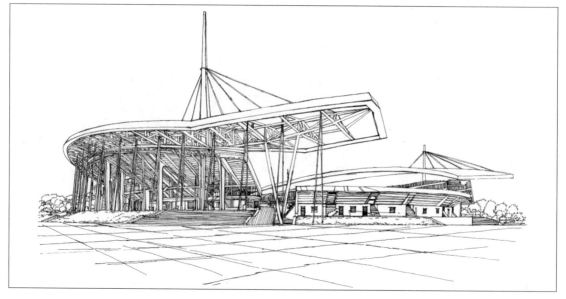

图1-21 横向构图

礴的气势。

图 1-21 中，近景、远景都用了大量的配景来平衡画面、丰富画面，形成近繁远疏、错落有致的效果。

2. 竖向构图

如图 1-22 所示，竖向构图也称垂直构图，通常用于表现具有高大垂直特征的建筑，如高层或超高层建筑。使用竖向构图的方法能给画面带来较强的视觉冲击力。竖向构图能带来很强的垂直感，给人以力量感。运用竖向构图的方法能使画面主体更加明确突出。如：在描绘高层建筑时，通常用竖向构图，高层建筑本身就是竖直的，运用竖向构图更加能够体现高层建筑的挺拔感，快速吸引观者的眼光。横向构图、竖向构图是建筑表现中最常见的构图形式，要多练习，掌握好其构图的技法。

图 1-22　竖向构图

3. "S" 形构图

如图 1-23 所示，"S" 形构图又称 "之" 形构图，是一种曲线形构图。"S" 形构图富有活力和韵味。

图 1-23　"S" 形构图

4. "X"形构图

如图 1-24 所示，"X"形构图具有很强的向心感，该类型构图中的景物具有从中心向四周逐渐放大的特征，有利于把人们的视线由四周引向中心。总之，"X"形构图具有突出焦点的特点。

图 1-24 "X"形构图

实践训练：

1. 建筑效果图中常见的透视有哪几种，都有哪些特点？请绘图展示出来。

2. 画出一点透视、两点透视的建筑线稿。

模块二

建筑钢笔线稿表现

学习目标：

1. 了解建筑钢笔线稿的基本要素、方法。

2. 掌握钢笔建筑画的表现步骤。

2.1 线条及造型技法

如图 2-1 所示，线条是构成钢笔建筑画的基本要素和灵魂，是效果图表现中最基本的造型元素。线条在钢笔画中有极强的表现力，是富有生命力的，最能表达事物形态特征。线条的长短、粗细、刚柔、曲直、顿挫、虚实等变化，能形成丰富的画面，不同线条能体现不同的建筑风格内涵和气质风貌。所以，要掌握钢笔线条的运用方法，从而体现艺术魅力与情感，突出表现建筑的造型。钢笔线稿有快速性和直接性。既要表达严谨准确的结构，又不能"面面俱到"、把图纸框死，要在严谨中求生动，看似信手拈来却表达完整，使观者能人轻松自如地欣赏品味创作的艺术美，而这些都需要绘画者长期练习才能做到。

不同线条有不同的独特性。在使用钢笔线条时，行笔要自如，作画时心态要放松，轻松自如的线条能给人带来灵感和美感，而且有不同的视觉感受，体现不同建筑形态的性格和形态美。因此，熟练驾驭笔下线条是掌握手绘线稿表现技法的奥秘。

图 2-1　线条及造型技法

2.1.1　线条的练习方法

　　线条是造型元素中最重要的元素之一，线条的练习是掌握快速表现的基础，看似简单，实则千变万化。线条要有表现力，要通过线条表现出快慢、虚实、轻重、曲直等关系，如图2-2、图2-3所示。线条要画出美感，画出生命力，需要做大量的练习，画时不用太小心，也不用太担心画错。应保持良好的自信心，若出现错误可以后期修正，包括使用颜色、修正液等，熟练之后可以画出各种形态自如的线条效果图。

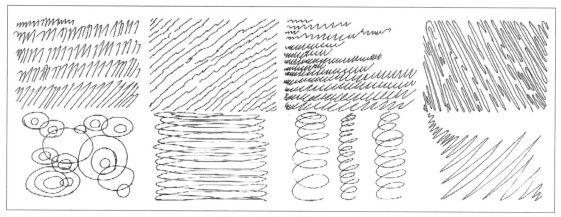

图 2-2　线条表现（一）

图 2-3　线条表现（二）

2.1.2　掌握各种线条的绘制

1. 直线训练（快线、慢线）

直线是手绘画面中最基础的线条,根据直线的特征可以将其分为快线与慢线两种类型。直线训练的重点是熟练掌握运笔要领。直线在手绘表现中最为常见,大多数的物体是由直线构筑而成的,因此掌握好直线的绘画技法很重要。画出的线条要直,要干脆利落且富有力度。

快线最富力度和韧度,因而要求运笔果断、干脆,要领是在起笔和收笔时顿笔,使线条首尾清晰,如图 2-4 所示。在练习中应着重体会运笔的顿挫感,此外,还应注意,对线条交叉的表现可略微夸张一些。这种线条多用于表现方正、稳重、现代的建筑形态,同时常用于方案草图的表现。在平时练习中可逐渐增加线的长度和速度,循序渐进,这样就能逐步提高徒手画线的能力,画出既活泼又直的线条。

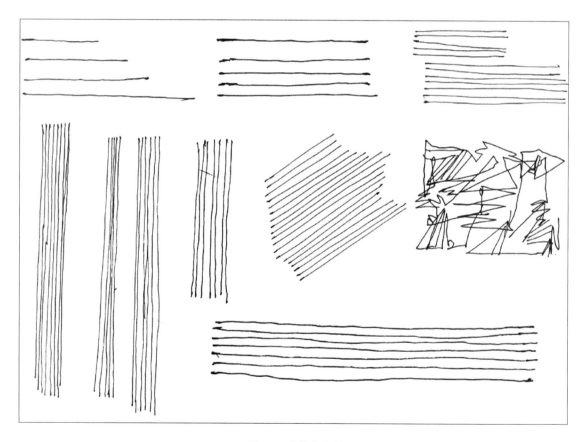

图 2-4　快线的表现

慢线的特点是用笔舒缓、沉着有力,线型厚重、不飘浮,如图 2-5 所示。线条舒缓而悠扬,有轻缓的动感。慢线多用于表现欧式建筑、中国古建筑或线条优美的现代场馆建筑,能很好地表现建筑柔美的个性,也能很好地表现老建筑独特的古韵。

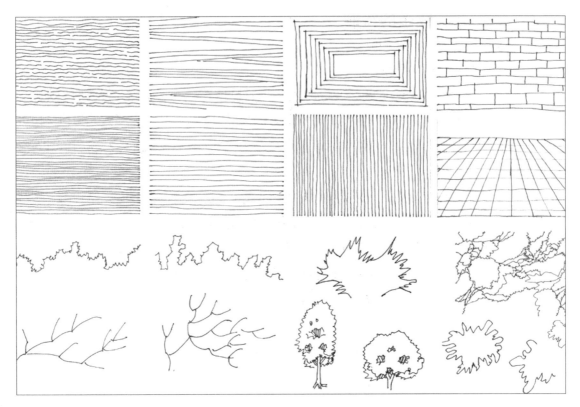

图 2-5　慢线的表现

2. 颤线训练

颤线的特点是，用笔时轻微颤抖，使线条生动，富有节奏变化，如图 2-6 所示。这种线条多用于表现细致的纹理。

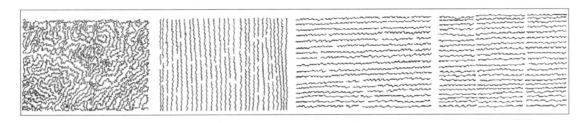

图 2-6　颤线的表现

3. 运笔方向训练

很多初学者在直线练习中会感到在运笔方向上有些障碍，最典型的就是画横向线条比较顺手，但却不能顺畅地画纵向线条。这是很正常的现象，需要通过训练逐渐适应，最好的方法就是反方向运笔练习，如图 2-7 所示。

4. 曲线训练

曲线训练是学习手绘表现过程中的重要环节。如图 2-8 所示，曲线的使用较为广泛，且运用难度高，在练习过程中，熟练灵活地运用笔与手腕之间的力度，通过各种运笔角度，

图 2-7　各种运笔方向训练

图 2-8　曲线表现

可以表现出丰富的画面。

5. 综合线条

如图 2-9、图 2-10 所示，综合线条融合了多种线条的特征、变化应用，有波浪线、锯齿线、弧线、不规则线等多种线形的组合和统一，可以根据不同的形状，随意发挥，给人以轻松和随性的感觉，同时能很好地活跃画面的气氛。

6. 体块

如图 2-11 所示，体块的构成包括高度、宽度和深度，深度在造型艺术中也叫物体立体性，是体块的基本特征。无论我们所描绘的对象呈现何种纷繁的形态样貌，都能将本质归结为简单的体块造型。无论我们所描绘的空间特征和表现规律怎样，将线条建立在立体空间的体块上，组织搭建空间关系，就能准确表现复杂体块叠加的建筑体。体块组合如图 2-12、图 2-13 所示。

图 2-9 综合线条表现（一）

图 2-10　综合线条表现（二）

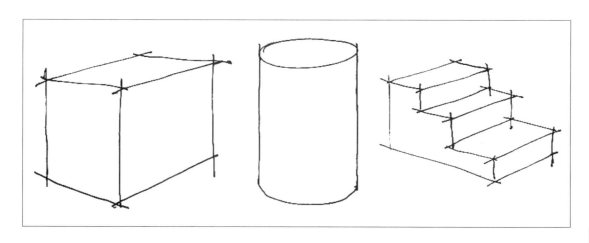

图 2-11　体块

（a）

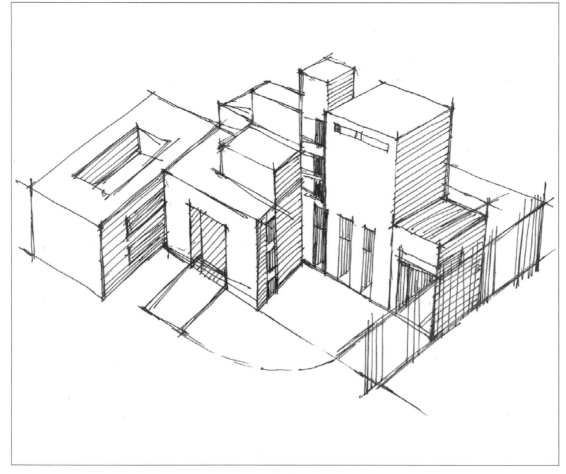

（b）

图 2-12　体块组合（一）

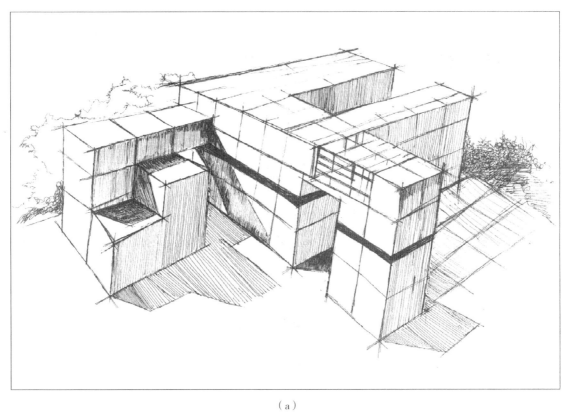

（a）

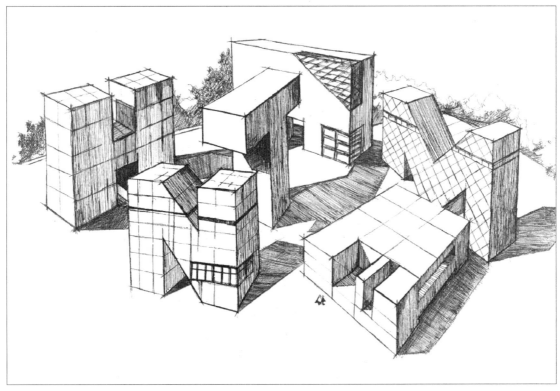

（b）

图 2-13　体块组合（二）

2.2　建筑配景线稿

1. 单体门、窗画法

如图 2-14 所示，门、窗是建筑物立面上重要的组成部分，建筑物门、窗的处理直接影响到建筑物的整体效果。那么我们在画的时候，需要将门框及窗框尽量画得窄一些，然后给其他的地方增添厚度感，这样就不会显得太单薄，从而有厚度感、立体感。一般凹进去的门窗、雨篷及其上沿部分会有阴影，应在处理中多加注意。

（a）

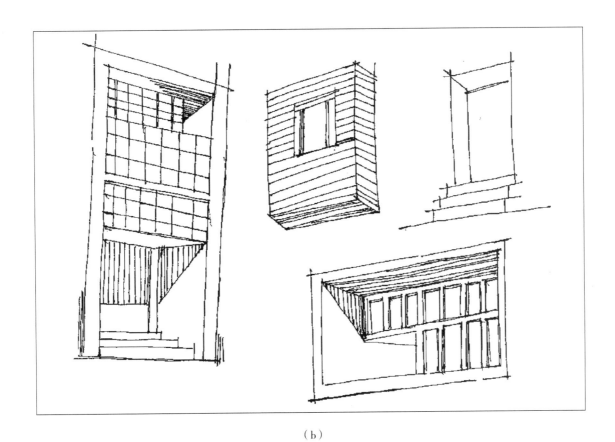

（b）

（c）

图 2-14　门、窗的画法

2. 单体植物画法

如图 2-15 所示，植物分为树和草，植物在现实生活中的形态非常复杂，我们不可能把所

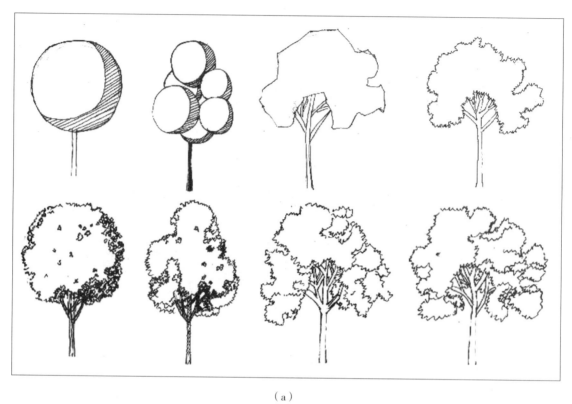

（a）

（b）

图 2-15　植物的画法

有树叶和枝干都非常写实地刻画出来。在塑造的时候要学会概括，用颤线的方法把树叶的外形画出来，但是不要塑造得太僵硬，注意植物的形态应是非常自然的，在画的时候也要注意自然。

如图 2-16 所示，为灌木的画法；如图 2-17 所示，为乔木的画法。

图 2-16　灌木的画法

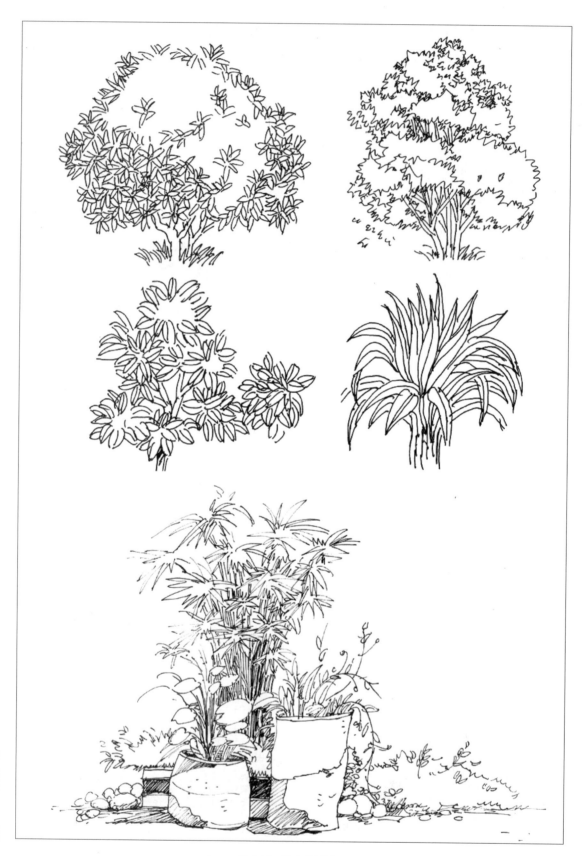

图 2-17 乔木的画法

应注意的是：在练习画颤线时需注意颤线的流畅性及植物形态的变化，不宜"颤"得太慢，太慢会显得死板。

树干的画法如图 2-18 所示。在处理枝干时应注意线条不要太直，要用比较流畅自然的线条，也要注意枝干质感、形状的处理，如图 2-19 所示。

（a）

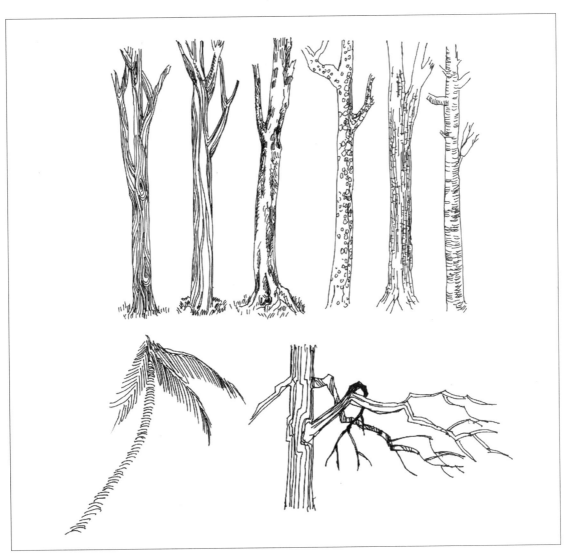

（b）

图 2-18　树干的画法

（b）

（c）

图 2-19　树木的表现

3. 水景的画法

如图2-20所示，要表现水流的动势和方向感，线条宜清晰流畅，最忌犹犹豫豫、举棋不定。而表现静态的水面时，宜用略带颤抖的波浪水平线，但要注意线条的疏密变化，并适当画出岸上物体的倒影。

（a）

（b）

（c）

（d）

（e）

图 2-20　水景的表现

4. 人物的画法

在建筑画中，人物是必不可少的元素。如图 2-21 所示，在表现时通常需要具体问题具体分析，也就是按照画面的需求进行合理的安排，不同场景需要不同身份、不同动态的人物来丰富画面。

（a）

（c）

图 2-21　人物的表现

在绘制过程中，要准确地表达人物的尺寸和比例，可遵循"站七、坐五、蹲三半"的基本原则来绘制人物。还要注意近处和远处人物的处理，对近处的人物，可以细致描绘，从而使其更加生动，比如，刻画出五官、衣服褶皱等细节。对远处的人物则可以简单处理，体现轮廓即可。

人物形象特征：服装的不同类型、款式和色彩，可以体现人的年龄和层次。

如图 2-22 所示，年轻人衣着时尚，刻画时用笔要硬朗，上衣比例可适当小一些。

图 2-22　年轻人

如图 2-23 所示，上班族一般身着西装、手拿公文包出场，其适用于办公楼、学校、街景等场景。

对女性的刻画：体态修长、腰高腿长，一般刻画为淑女、摩登女。

图 2-23　上班族

5. 车的画法

车在建筑配景中是较常见的，绘画者能基本表现出来就好。需要注意的是比例关系和主次关系，在透视关系上也要与建筑物保持一致，如图 2-24 所示。绘制时，要先把握好比例关系，从整体到局部进行分析，然后再从局部到整体进行绘制，用最简单的线条画出最好的效果。

（a）

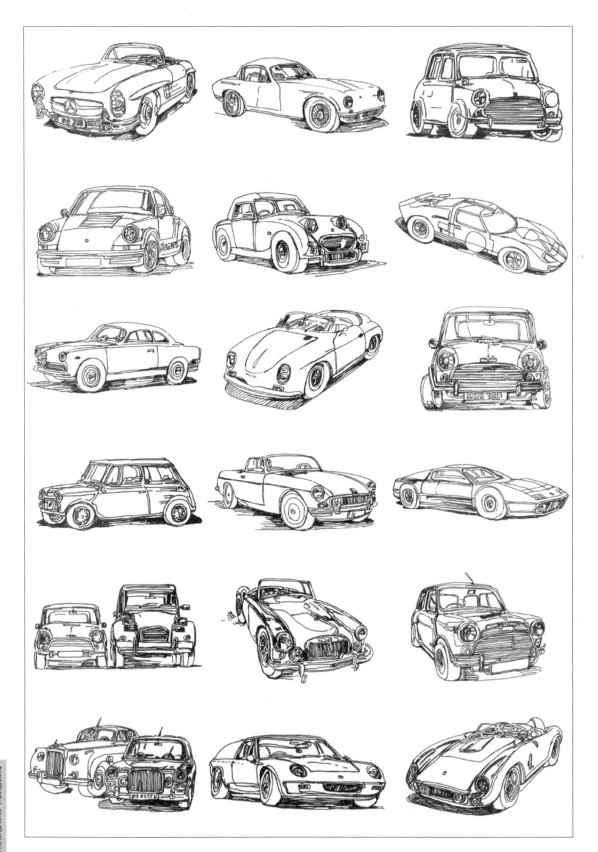

（a）

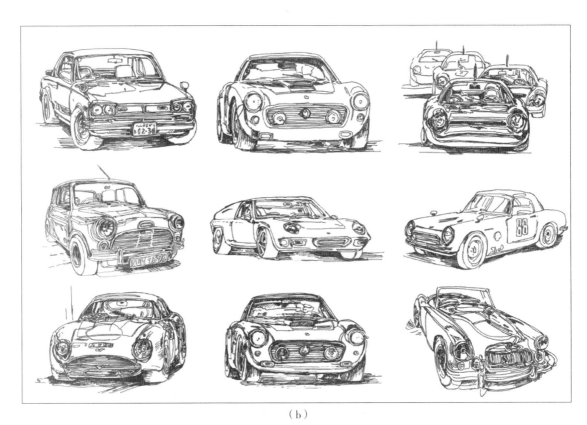

（b）

图 2-24　汽车线稿

6. 建筑材质

如图 2-25 所示，建筑中会用到多种不同的材质和建筑材料，如石头、砖头、木头等。

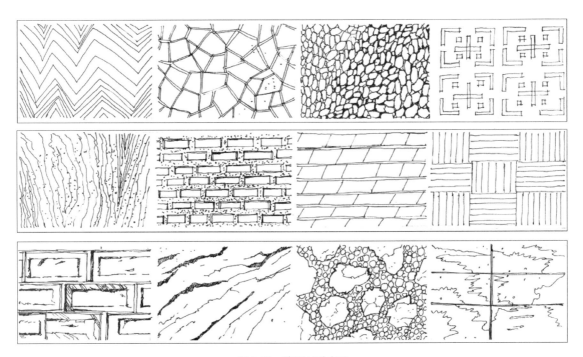

图 2-25　建筑材质表现

如图 2-26 所示，石头是最普遍的建筑墙面材料。石墙种类繁多，可根据不同种类的石料的纹路绘制，石墙多为规整严谨的形式，凿痕肌理均衡，有理性之美。

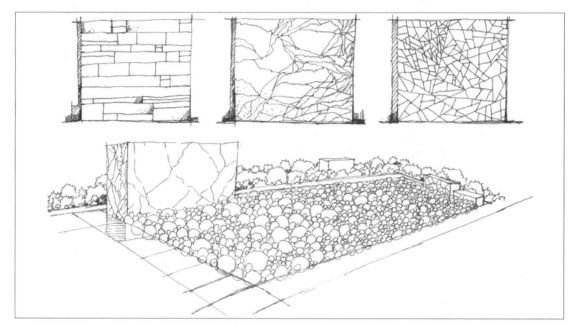

图 2-26　石墙线稿

如图 2-27 所示，砖墙的砖块大小、形状富于变化，往往比较随意，如常见的堤岸、院墙等。钢笔线型应与之相应，线条的使用要灵活，但不可"面面俱到"。

图 2-27　砖墙

图 2-28　木质墙面（一）

图 2-29　木质墙面（二）

　　图 2-28、图 2-29 为木质墙面的表现，图 2-30 为木质民居建筑。原木经常被用作建造住宅、旅游区的宾馆、商店，以及别墅等。在建筑效果图中，对于木质墙面的表现，首先要以整体的眼光来对待，把握大的感觉即可。其次，纹理的质感表现很重要，可用坚实而肯定的较长的线条表现木质轮廓及纹理，再用轻微自由的较短的线条勾勒木的纹理，一重一轻，形成变化。

图 2-30　木质民居建筑

2.3　线条组合练习

有了前期对不同类型的线条的练习和了解，我们就可以进行组合排列练习，在练习过程中要求运笔速度均匀，熟练之后可以尝试一些疏密变化。平时可多做一些关于透视、直线、曲线的练习。这些练习对掌握透视规律、形体塑造、线条组织，以及黑、白、灰关系的处理有很大的帮助，如图 2-31、图 2-32、图 2-33 所示。

图 2-31　某度假村的线条表现

图 2-32　某会所线条表现

图 2-33　某传统民居入口线条表现

2.4 用线条表现建筑体块、明暗关系

　　明暗表现法也称块面法，是指通过线条来表现体块、通过明暗关系来表现建筑，它利用光线照射在物体上所产生的明暗调子及其体现出的块面关系来表现物体的形体特征，有较强的立体感，掌握明暗表现法对后期学习上色有很大的作用。明暗表现法的核心是以线形成面的造型，如图3-34、图3-35所示。任何立体图形都是由许多相互联系的透视变化的平面所构成，其绘制的关键在于对形体与块面的理解。可运用明暗调子的变化来表现物体的形体特征与空间关系。明暗调子的变化规律是绘制块面造型的重要依据。

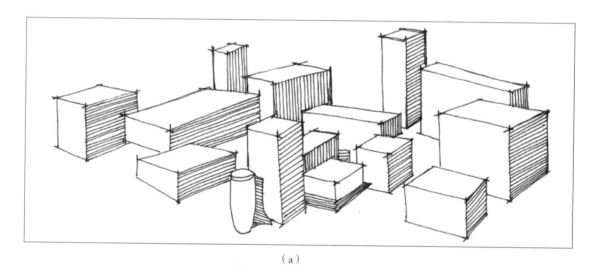

（a）

（b）

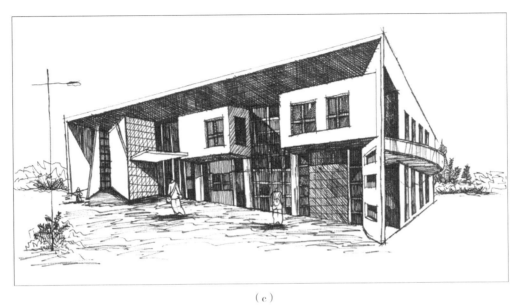

（c）

图 2-34　体块、线稿、体块表现及明暗表现

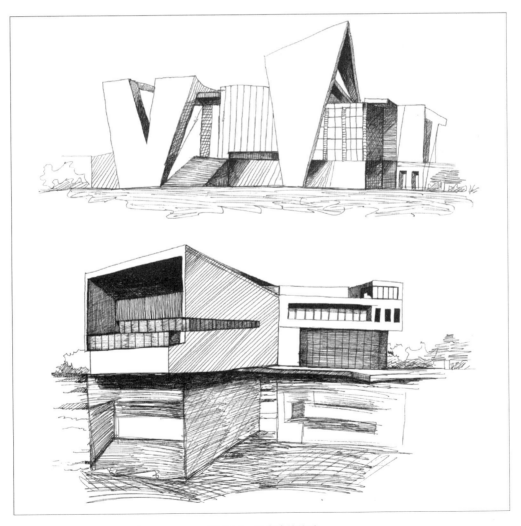

图 2-35　现代建筑线稿

画图时要注意：

（1）理解建筑的几何形体的穿插与组合关系，如图 2-36 所示，任何复杂的建筑空间或者内部空间都是由无数的几何体的穿插关系组成的，我们可以很容易地通过处理建筑几何形体的穿插与组合关系表达建筑的组织结构关系，同时也能够为我们提供有效的空间思考方式。

图 2-36　传统建筑的明暗表现

（2）从体面的结构出发，把握物体的固有颜色，运用固有颜色的对比关系，处理好画面的黑白效果。在观察物象时，要善于观察到各种物体不同的固有颜色。黑白调子的变化不局限于受光与背光的明暗变化，而是表现出非常丰富的黑白深浅的层次关系，要善于运用这种调子的变化来表现物象的形体特征和画面产生的黑白韵律美，表达建筑的凝重感觉。如图2-37 所示。

图 2-37　现代建筑的明暗表现

2.5　建筑线稿表现图的主次之分

　　如图 2-38、图 2-39 所示，建筑线稿表现图所要表现的是建筑或景观规划的造型和意境，

图 2-38　建筑线稿表现（一）

一切的配景表现应服从于这个主题。植物、人物、车辆等配景，虽然对烘托气氛很重要，但绘制不宜过细，且需做程式化处理，使之与建筑画面的工程性质相协调。当然，如果是在景观或园林为主要表现对象的情况下，植物、水景、铺装、小景等就必须细化，这时建筑就成了背景，应予以淡化。总之，一幅建筑表现效果图犹如一台歌舞剧、一篇文章，要做到主题明确、主角突出。初学者常见的问题就是在主体建筑和景物的处理上不到位，对配景却大费笔力，导致主次不分、喧宾夺主。对于这些问题，一定要在线稿训练中加以注意并避免。

图 2-39　建筑线稿表现（二）

2.6　图片写生方式，由浅入深地学习线稿表现

　　初学者在学习线条阶段之后，才算是正式开始学习手绘设计。在线条画得不错的时候，就可以开始思考，如何表现建筑设计的效果？应该怎样下手？在课堂教学中，教师应引导学生从一些简单的建筑图片开始，把建筑视为简单的几何体，直接把建筑画出来，在突出主体以后，再画配景，如树、车、街道等。这种方式就是快速草图提炼训练。经常性地做这样的快速草图提炼训练，能快速提高线稿的综合表现能力，主要包括：

　　（1）迅速提高造型能力、空间分析能力，在短时间内分析出场景的空间特征。

（2）在不断的练习中，对透视的把握也会不断提高。手绘建筑中透视的准确性是最重要的内容之一，若透视错误，则整个建筑图"全盘皆输"。

（3）进行快速草图提炼训练，能在线条的灵活性把握上有大的提升，画出来的线条不会再"拘谨"，线条的表现会更潇洒自如。

（4）通过训练后，对建筑视觉的观察能力和分析能力会更敏锐，这也是设计师最需要掌握的。活跃的线条能激发人的想象力和创造力。如图 2-40 所示。

图 2-40　建筑线稿表现（三）

2.7 建筑钢笔线稿表现步骤详解

1. 建筑钢笔快速线稿表现

建筑钢笔快速线稿表现相当于我们所说的建筑速写,力求概括表现出建筑的形体结构特征,提炼成场景中我们所要绘制的建筑。对于初学者来说,这种练习至关重要。这也是在以后的工作中与甲方交流及在高校学习中参加考试时必须掌握的技能。通过大量的快速练习,能熟悉空间、形式、肌理等不同效果的表达方式。大量的建筑速写可以提升形体造型能力、画面概括提取能力,对快速徒手表现能力的提高很有帮助,从而能够更好地表达自己的设计思路,让线稿表现图更具艺术魅力。

建筑钢笔效果图及建筑钢笔表现解析如图 2-41、图 2-42 所示。

解析步骤具体如下:

步骤一:构图是画面的核心重点。着重绘制画面的视觉中心部分,要使配景合理,关键在于把握画面的统一性、整体性、完整性,舍弃对局部细节的刻画。如图 2-42(a)所示。

图 2-41 建筑钢笔效果图[①]

① 网址:https://www.shejiben.com/works/2217574.html。

建筑钢笔手绘线稿表现技法

步骤二：快速定位形体的整体透视关系，在练习时要善于观察总结，把握好体块之间的比例，通过线条的疏密关系变化来表现建筑的材质、体量、尺度、造型，利用黑、白、灰的关系来营造空间感。如图2-42（b）所示。

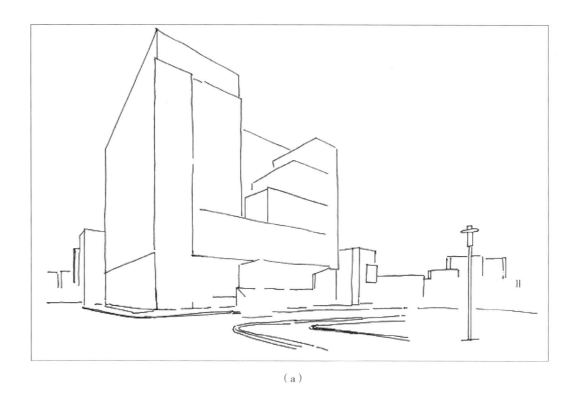

（a）

（b）

步骤三：补充周边物体，注意前后、虚实关系，附属物要相对简化，在形体、空间位置上衬托出主体建筑。如图2-42（c）所示。

步骤四：继续对主要建筑、配景进行刻画，层次不用太多，注意通过地面透视来表现整体、调整画面效果，尽量做到主次分明，使画面富有层次，如图2-42（d）所示。

（c）

（d）

图 2-42　建筑钢笔表现解析

2. 精细、严谨表现

建筑钢笔线稿表现是一项考验学生的基本功和耐性的技术活。大量的练习有利于提高学生对画面整体关系的把控能力、对材质、形体、细节的刻画能力以及对画面节奏关系的把握能力。

作画时应该注意：

（1）造型一定要准确。对于造型能力不太强的学生，作画时可以先打钢笔草稿，确定建筑的透视线和大体的结构线关系。

（2）对画面的处理一定要慎重。对于近景植物、交通工具、人物等的刻画，要注意细腻。

（3）在确定画面的主要表达部分时，画面的视觉中心部位对比要强烈，结构要清晰，重点刻画能反映物象主要特征的部位，其他配景部分在不影响整体感的前提下，可以适当丰富，有些配景可以做简单处理，表现到位即可。

（4）进行整体调整。

绘制传统民居图很能锻炼对线条组织的把控能力，如图 2-43、图 2-44 所示。

解析步骤具体如下：

步骤一：绘制民居风格的建筑时，要注意建筑物的特点，确定主体位置，透视要准确，对于画面的中心要仔细刻画。如图 2-44（a）所示。

步骤二：根据建筑物的形体轮廓线，逐步添加配景，注意各部分之间的关系，使画面丰满。如图 2-44（b）所示。

步骤三：画出建筑物能见的结构，加强对形体的刻画，注意画出能见的内部结构。如图 2-44（c）所示。

步骤四：完善环境配景，注意细节塑造，调整线条，使画面整体协调。如图 2-44（d）所示。

图 2-43　建筑钢笔效果图（传统民居）[①]

① 网址：https://mms0.baidu.com/it/u=2689234776,332254519&fm=15&gp=0.jpg&fmt=auto。

建筑钢笔手绘线稿表现技法

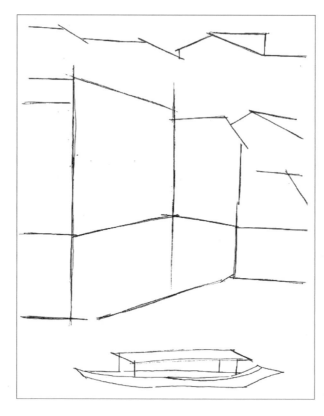

（a）

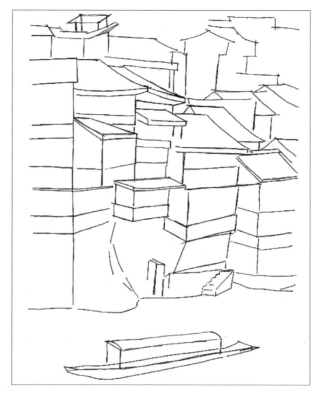

（b）

（c）

（d）

图 2-44 建筑钢笔表现解析（传统民居）

现代建筑实景写生示例一如图 2-45、图 2-46 所示。

解析步骤具体如下：

步骤一：确定画面的整体关系及大体位置，把握比例、空间大小和透视关系等，做到画面准确。如图 2-46（a）所示。

步骤二：门、窗、台、架等细节要注意表现清楚、深入刻画，注意比例关系。如图 2-46（b）所示。

步骤三：在进一步刻画中加强形体、明暗对比，刻画细节、完善场景。用笔要注意干净利落。如图 2-46（c）所示。

步骤四：调整画面，调整空间、配景的左右平衡关系，使画面整体协调、相得益彰。如图 2-46（d）所示。

图 2-45　现代建筑实景写生示例一效果图①

① 网址：https://graph.baidu.com/thumb/v4/2874098355,2753072727.jpg。

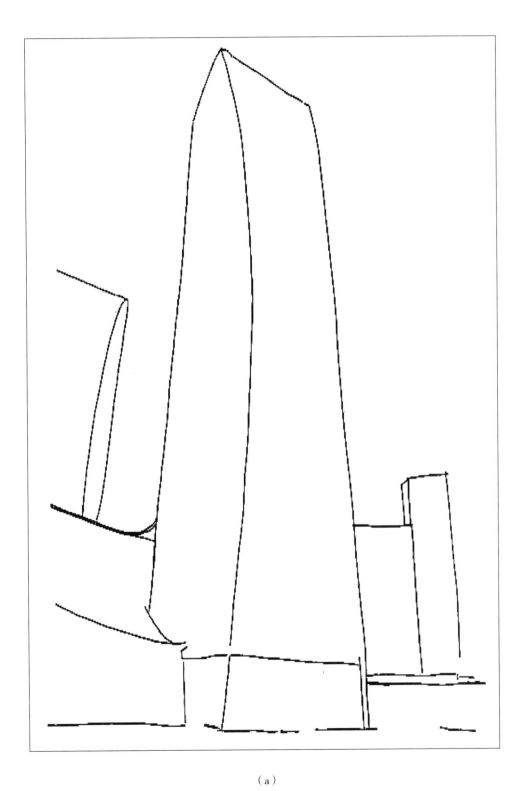

（a）

（b）

建筑钢笔手绘线稿表现技法

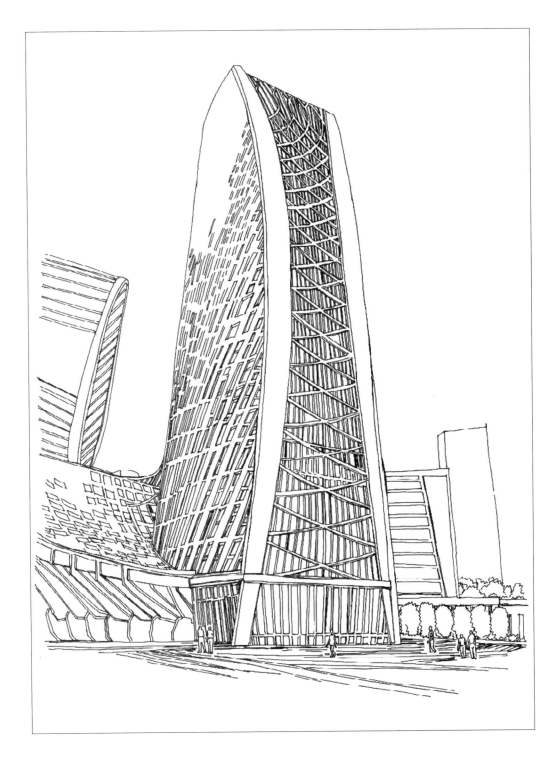

（c）

（d）

图 2-46　现代建筑实景写生示例一解析

现代建筑实景写生示例二如图 2-47、图 2-48 所示。

解析步骤具体如下：

步骤一：首先确定画面构图，确定画面的主体建筑，以及画面的中心，注意透视准确，明确建筑轮廓特点。如图 2-48（a）所示。

步骤二：根据建筑物的形体轮廓画出主体建筑，逐步添加配景，确定树木的位置，把握建筑的体量、比例关系。如图 2-48（b）所示。

步骤三：对配景植物进行绘制，明确受光面和背光面。由于画面主要呈现建筑的形态，前景的植物不宜过多过高，可以适当添加。前景的植物主要起到区分画面层次、使画面丰满的作用。如图 2-48（c）所示。

步骤四：全面深入刻画画面，细化建筑和配景，注意建筑物的明暗对比，建筑物的排线要跟随结构的方向，做到完整协调。如图 2-48（d）所示。

图 2-47　现代建筑实景写生示例二效果图（湖南城建职业技术学院图书馆）[1]

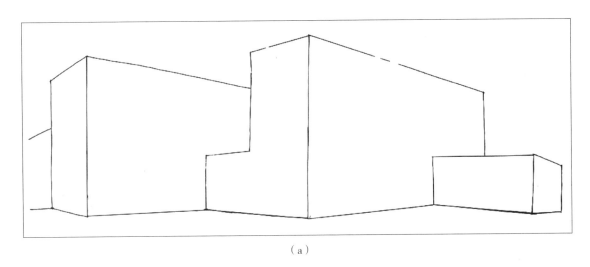

（a）

① 网址：https://www.hnucc.com/xygk/xyfg/2.htm。

（b）

（c）

（d）

图 2-48　现代建筑实景写生示例二解析

实践训练：

1. 自行练习各种建筑配景的绘制。

2. 掌握建筑线稿表现的步骤及技法。

3. 尝试做各种建筑造型的线稿练习。

模块三

线稿作品赏析

学习目标：

1. 了解各种建筑钢笔画的风格特点。

2. 了解如何创造个人风格。

建筑钢笔画的风格有很多种，如线描风格、明暗风格、线面结合风格等。初学者在开始练习时应大胆尝试，打牢基本功，多写生，反复练习，不断总结经验教训，去发掘和探索出属于自己的独一无二的表现风格。

3.1　线描风格

线描是素描的一种，本书主要介绍以线描为主的建筑钢笔画表现手法。线描表现的空间关系可以通过线条的粗细、连贯性、密集程度来体现。如：粗代表实，细代表虚；连贯代表实，断断续续代表虚。关于线描手绘练习，可以分为几个阶段：

（1）临摹阶段。其是指临摹别人已经处理好的完整画面，对建筑的体量、透视、结构、配景等尽量画得和他人一样，学会如何处理画面才能达到最佳效果。一般来说，需要练习至少100~200张图，才能熟能生巧。

（2）进行照片写生或是效果图写生。当临摹到一定的程度，掌握了一定的基本技法后，可以对照片进行建筑线描创作，可以反复借鉴别人的处理手法，有些配景可以直接使用。

（3）直接对景写生。这是最难的阶段，对景写生就是面对对象进行直接描绘的一种方式，通过对结构、空间、材料、光影不同的分类，进行观察与分析，将对景物的提炼概括地表现在纸面上。写生对于提高手绘能力是最有效的，对自然中的建筑、树木、园林、山水进行写生，可以提高观察能力，也可以在很大程度上培养自己的审美能力。

图 3-1　线描风格

3.2　明暗风格

　　明暗风格比较偏向写实，这种风格来自于传统写实钢笔画。传统上的钢笔线稿表现更细腻，同时也相对呆板，而明暗风格则相对灵动，在细节上不用过分追求，在调子上追求整体感，不太苛求局部，突出重点部分的光影效果。光影效果是明暗风格最大的优势，当然，排调子的方式相对线描来讲要简洁得多，只需要体现大致的层次即可。通过黑、白、灰的合理分布来增强画面的视觉冲击力。

图 3-2　明暗风格

3.3 线面结合风格

　　线面结合是写生过程中的常用手法，线描风格与明暗风格二者各有其长处，也有其短处。但是线面结合风格能补二者之所短，扬二者之所长。这种风格的特点是明暗对比强烈，中间调子较少，主要集中在暗部；亮部采用白描，画面空间纵深大，明暗对比明显，氛围感较强，主体突出，层次丰富。线描风格比明暗风格更自由，抓形更迅速；明暗风格比线描风格更细腻，表现力更强。在创作的时候，作者要放开、要敢画，尽量多用线，在用到调子的时候要适当把握，亮部要注意留白，留白可使画面的效果更加凸显。暗部线条要注意疏密有致，局部线条要适当变化。注意整体的明暗调子变化。

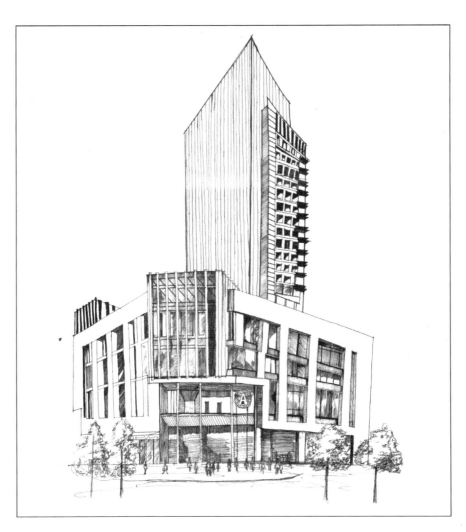

图 3-3　线面结合风格

3.4 创造个人表现风格

对不同绘画的探索很重要，但想要拥有个人风格，光学理论是不行的，只有通过长期的练习，才能掌握高超的技巧。因为手绘不仅仅是一种脑力活动，也不是只掌握理论知识就行，它需要大量的实践。例如，可以随身携带一个速写本，不断地记录优秀的建筑作品，记录资料；还可以将虚构的想象场景和现实联系起来创作，包括一些很随性的涂鸦，一些生活中的记录或突然迸出的构思和灵感，这些都可能成为之后设计中的灵感，也可以极大地提升手绘水平。

如图 3-4 所示，风格形成的一个重要因素就是画面的统一感，即各部分是怎样联系在一起的，很多成功的手绘高手都有自己的特色，但每个人的每张作品都有个人特点，不会在同一张作品中看到不统一的各种技法。同一种建筑物体或是场景，不同的人会有不同的表现方式、技法。

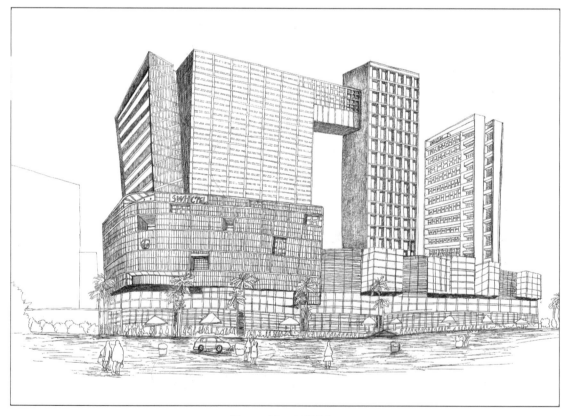

图 3-4 统一表现风格

3.5 写生对建筑手绘能力的提升有何帮助

1. 写生的作用

写生是直接面对物象进行描绘的一种绘画方法,大到风景写生、建筑写生,小到结构写生、空间写生、材料写生、光影写生等,都有不同的分类。通过观察与分析,经过绘画者的提炼,将对象概括地表现在纸面上,这对于提高我们的手绘表现能力很有帮助,也可以在很大程度上提高审美水平。如:建筑写生可以加强对体量和结构的认识,山水写生可以培养宽广的情怀,植物写生可以使人感受它的轻松自然,以及极富动态美感的形态特征,等等。写生不仅仅是一种单纯的技术训练,也能提高美学修养,是其他方式不能代替的。写生能力的提高还可以帮助我们在平常生活中随时搜集素材,记录随时可见的设计元素,以后在做设计方案时可以使用,具有很大的作用。

2. 写生的小技巧

写生时首先应该选择自己喜欢、感兴趣的对象,这样才会用心,也才能坚持画下去。绘画时,要先观察对象,找出对象主体的突出特征和精彩之处,做到心中有数,不能轻率下笔。对自己要充满信心,要坚持不懈,认真完成写生的全过程。如图3-5所示,在绘制画面时,要注意控制黑、白、灰之间的比例关系,使画面富有强烈的视觉感;绘图时要理解性地去表

图 3-5　写生练习作品

现，只有理解之后作画才能让对象显得有形体、有结构。还要概括性地表现对象，注意画面的虚实处理，注意刻画主体，不机械地摹写对象。钢笔线条的主要特点是坚硬、明确、流畅，画面要充分体现。简单的线条通过物体形体的重叠，同样能表达空间感。自信的线条看似随意，却能使形象更为生动。在空间物体的转折处（即明暗交界处）采用粗笔更容易塑造形体；远处的物体在处理手法上要虚，可以简单地概括，有时画出远景的基本轮廓就可以；当主体处于亮部时，有时需要局部加深背景来予以衬托。总之，要很好地掌握建筑钢笔表现技法，必须勤奋练习，正所谓"业精于勤，荒于嬉"。

模块四

建筑钢笔线稿赏析

如图 4-1 所示，可运用明暗对比突出体块的体积感。

（a）^①

（b）

图 4-1　线稿表现（一）

① 网址：https://mms0.baidu.com/it/u=1602617065,812977948&fm=27&gp=0.jpg&fmt=auto。

如图 4-2 所示，突出表现建筑的恢宏气势，主体建筑占据图幅中较大的面积，并进行重点表现。

（a）①

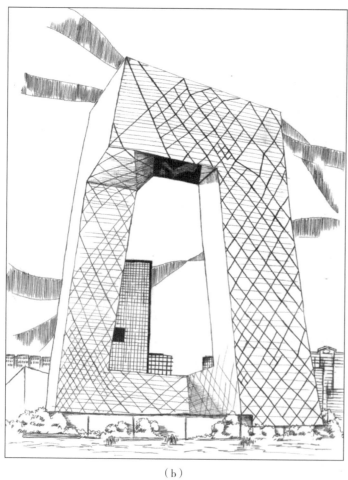

（b）

图 4-2　线稿表现（二）

① 网址：https://graph.baidu.com/thumb/v4/3154310767,2868099432.jpg。

如图 4-3 所示，要注意圆形建筑的透视变化，做到构图饱满，可增加配景，从而增添气氛。

（a）①

（b）

图 4-3　线稿表现（三）

① 网址：https://mms0.baidu.com/it/u=2742749650,1661976078&fm=27&gp=0.jpg&fmt=auto。

如图 4-4 所示，可突出建筑主体，注意两点透视的表现。可适当增添配景来丰富画面。

（a）①

（b）

图 4-4　线稿表现（四）

① 网址：http://www.gbwindows.cn/news/201408/6211.html。

如图 4-5 所示，注意正确把握建筑的透视关系和建筑的特征，线性地表现建筑的美感。

（a）[1]

（b）

图 4-5　线稿表现（五）（湖南城建职业技术学院足球场）

如图 4-6 所示，要注意建筑的结构、透视、细节的综合表现。注意丰富配景、美化画面。

（a）^①

（b）

图 4-6　线稿表现（六）（湖南城建职业技术学院教学楼）

① 网址：https://www.hnucc.com/xygk/xyfg.htm。

如图 4-7 所示，要注重材质与明暗之间的关系，主要突出建筑的体量感，注重对结构的刻画。

（a）①

（b）

图 4-7　线稿表现（七）（湖南城建职业技术学院教学楼）

① 网址：https://www.hnucc.com/xygk/xyfg.htm。

如图 4-8 所示，要把握主实次虚的基本原则，在主体建筑结构刻画完美的基础上，合理运用配景，从而形成统一的关系。

（a）①

（b）

图 4-8　线稿表现（八）（湖南城建职业技术学院校内一景）

① 网址：https://www.hnucc.com/xygk/xyfg/1.htm。

如图 4-9 所示，要注意建筑几何体的变化，通过配景衬托建筑主体。

（a）①

（b）

图 4-9　线稿表现（九）

① 网址：https://mms0.baidu.com/it/u=948976761,2594332821&fm=15&gp=0.jpg&fmt=auto。

如图4-10所示，要注重透视图的明暗关系、体积关系，在整体感受中刻画画面的层次关系。

（a）^①

（b）

图4-10　线稿表现（十）

① 网址：https://mms0.baidu.com/it/u=3194722519,2090990580&fm=15&gp=0.jpg&fmt=auto。

如图 4-11 所示，要注意把握所绘建筑与环境配景的关系，强调主体意识，树木求虚，建筑求实，做到疏密有序、虚实对比。

（a）^①

（b）

图 4-11　线稿表现（十一）（城苑酒店）

① 网址：https://www.hnucc.com/xygk/xyfg/1.htm。

如图 4-12 所示，要注意刻画建筑结构，在绘制过程中有意识地区分主体建筑与配景之间的关系，注意地面、建筑的透视关系。

（a）①

（b）

图 4-12　线稿表现（十二）（湖南城建职业技术学院综合楼）

① 网址：https://www.hnucc.com/xygk/xyfg.htm。

如图 4-13 所示，在绘制时要注意强调主要建筑的形态及结构，有效地体现体量、比例的关系。

（a）^①

（b）

图 4-13　线稿表现（十三）（里博斯金别墅）

① 网址：http://www.dashangu.com/postimg_11150033.html。

如图 4-14 所示，以形为主要要素的表现方法，也就是在结构和立面元素构成的形式上，将疏密变化、远近关系以及主次关系作为绘制载体来表现建筑的特性。

（a）①

（b）

图 4-14　线稿表现（十四）

① 网址：https://www.nipic.com/show/8099172.html。

如图 4-15 所示，要注意以结构与形式表现建筑的特点，注重地面、配景的关系变化。

（a）[1]

（b）

图 4-15　线稿表现（十五）

① 网址：https://mms0.baidu.com/it/u=1045281610,528815399&fm=15&gp=0.jpg&fmt=auto。

如图 4-16 所示，要注意利用结构、建筑构件和肌理形成疏密关系，体现建筑层次与表现要点。

（a）①

（b）

图 4-16　线稿表现（十六）

① 网址：https://mms0.baidu.com/it/u=1980562573,272354136&fm=15&gp=0.jpg&fmt=auto。

如图 4-17 所示，在表现结构形态的基础上，可适当对关键性细节的暗面部分用较重的线条反复加深刻画，形成对比，突出体量感。

（a）^①

（b）

图 4-17　线稿表现（十七）

① 网址：https://www.photophoto.cn/pic/00765512.html。

如图 4-18 所示，在绘制建筑结构相对复杂的透视图时，可采取结构表现、明暗对比的表现方法，体现建筑的体量特征。

（a）①

（b）

图 4-18　线稿表现（十八）

① 网址：https://mms0.baidu.com/it/u=1914896448,2693969887&fm=27&gp=0.jpg&fmt=auto。

如图 4-19 所示，要注意对主体建筑的刻画，可增加各种配景，使画面生动有趣。

（a）①

（b）

图 4-19　线稿表现（十九）

① 网址：https://www.nipic.com/show/5115456.html。

如图 4-20 所示，要注意整体形态的构成规律、关键部位的结构关系，以及主体建筑的体量特征。

　　通过对比手法，凸显建筑之间的前后关系，以及建筑与环境之间的关系。

（a）①

（b）

图 4-20　线稿表现（二十）

① 网址：http://pic.baiqi008.com/uploads/uuqqwwuqqx.jpeg。

如图 4-21 所示，要注意建筑构造的透视变化，以及前景、后景的关系，配景要画得美观。

（a）①

（b）

图 4-21　线稿表现（二十一）（湖南城建职业技术学院报告厅）

① 网址：https://www.hnucc.com/xygk/xyfg/1.htm。

参考文献

［1］赵航.景观建筑设计手绘传达［M］.北京：中国青年出版社，2008.

［2］曾海鹰.建筑手绘表现［M］.南京：江苏人民出版社，2012.

［3］杜健，吕律谱.30天必会景观手绘快速表现［M］.武汉：华中科技大学出版社，2016.

［4］李乘.素描建筑风景画技法［M］.上海：上海人民美术出版社，2014.

［5］吴伟.建筑设计手绘完全自学教程［M］.北京：人民邮电出版社，2018.

［6］王海强.手绘表现应用手册——线稿训练［M］.北京：中国青年出版社，2011.

［7］郭亚成，王润生，王少飞.建筑快题设计实用技法与案例解析［M］.北京：机械工业出版社，2014.

［8］邓蒲兵.景观设计手绘表现［M］.上海：东华大学出版社，2012.

［9］南茜.新景观设计与表现［M］.哈尔滨：黑龙江美术出版社，2009.